刘兴诗
爷爷

改变历史的中国近现代科技

交通 航天 工程技术

刘兴诗 著

野作插画 绘

人民邮电出版社

北京

目录

交通

航空·航天

基础科学·工程技术

改变历史 的 中国近现代科技

交通

风阵阵，雪飘飘，
『世界屋脊』高又高，
越过冰山雪岭，
架起幸福『金桥』。

山巍巍，郁苍苍，
龟蛇锁大江。
黄鹤曾经此处飞去，
长桥而今起武昌。

"中国铁路之父" 詹天佑

"人" 字线路过长城

改变历史的 中国近现代科技 交通 航天 工程技术

居庸关附近的青龙桥火车站，静悄悄地竖立着一座铜像。这座铜像表现的人物身穿老式西服，抬头望着周围的群山，神态十分安详，一看就是百年前的人物。

这座铜像是 1922 年竖立的。1987 年，这里又修建了一座纪念馆。经过这里的旅客都会在这个火车站看到这位百年前的人物。

他是谁？为什么人们在这儿给他竖起一座铜像？

列车员会怀着崇敬之情告诉你："这是'中国铁路之父'詹天佑呀！"

原来他就是当年京张铁路的总工程师，他用自己的智慧主持修建了这条外国人认为中国人不可能建成的铁路，为祖国赢得了荣誉和尊敬。

2005 年 10 月 12 日，为了纪念京张铁路开工 100 年，张家口南站广场上

也竖起一座詹天佑铜像。

我们要说这条铁路，就从詹天佑说起吧。

詹天佑出生在 1861 年，他从小就开始思索许多重大的问题，并立志要报效国家，实现自己的梦想。1872 年，他到美国学习，于 1878 年进入著名的耶鲁大学，学习土木工程。毕业后，他毅然回国投身建设。

归国后不久，他被派往福州船政局学习船只驾驶。

1888 年，机会终于来了，他如愿以偿进入刚成立不久的中国铁路公司，参与修建一座跨过滦河的铁路桥。由于滦河河床泥沙很厚，河水十分湍急，施工困难，包工承建的英国、日本和德国工程师都失败了。詹天佑经过仔细调查研究，使用"气压沉箱"等方法成功解决了工程难题，建成了这座桥。

京张铁路起始于北京丰台，经过居庸关，直到河北张家口，现为京包铁路的一段。当时外国人认为中国人无法完成京张铁路的修建，最后还得上门求助，便十分轻蔑地讽刺道："修建这条铁路的中国工程师还没有出世呢！"

不，他们想错了。詹天佑挺身而出，承担起这个艰巨的任务，起誓要

为国争光。为了完成这个"争气工程"，他一次次带领技术人员实地考察，最后选择了经过南口和八达岭长城下的一条极其艰险的路线。他用"竖井施工法"开挖隧道，节约了施工时间，又别出心裁地采用"人字形"线路，让火车进退折返，攀上陡峭的斜坡，通过外国人认为不可能通过的路段。青龙桥火车站就是这个斜坡的顶端。人们为了纪念他，就在这里竖起了他的铜像，还修建了一座纪念馆。

京张铁路在1909年顺利竣工。这是中国人自己设计修建的铁路，没有用一点外国资金，没有一个外国专家参与。谁说修建这条铁路的中国工程师还没有出世？让他们到青龙桥火车站来，好好瞻仰一下詹天佑的铜像吧！

小知识

詹天佑（1861—1919），中国杰出的铁路工程师。他不仅设计修建了京张铁路，还曾经参与修建从天津到塘沽的铁路，领导修建从河北新城到易县的新易铁路。此外，他还参与修建或主持修建了张绥铁路、川汉铁路、粤汉铁路等。可惜他不到60岁就过早地离开了自己所至爱的祖国和铁路事业。

⚫ "桥之都" 武汉

"一桥飞架南北，天堑变通途。"

"烟雨莽苍苍，龟蛇锁大江。"

这一个"锁"字，既写出了龟蛇二山夹江相望的雄浑地理形势，也透露出一种相望而不能相连的遗憾。这是千年来武汉三镇的形势和怅惘。位于华中地区心脏位置的武汉号称"九省通衢"。然而，自北而来的京汉铁路止于江北汉口，自南而来的粤汉铁路止于江南武昌，来往旅客和货物不能一车到底，跨江直通南北。武汉本地居民过江办事，也不得不乘坐轮渡，来往很不方便。武汉三镇的人们隔江相望，多么想有一座桥，把被大江斩断的南北交通直接相连。这个梦做了很久很久。如果真有一座桥连通了长江南北，那么武汉才是真正的"九省通衢"。

武汉渴盼一座桥，中国渴盼武汉有一座桥。

桥呀桥，寄托了许多武汉人，甚至许多中国人世世代代的期望。

这个重任落在了刚刚成立的中华人民共和国肩上，它终于实现了祖祖辈辈的愿望。

1955 年开始修建的武汉长江大桥，位于汉阳龟山和武昌蛇山之间。工程起初一切顺利，但想不到动工不久后，出现了一些突发状况。后来，在茅以升的主持下，中国人终于用自己的双手建成了"万里长

小知识

除了一座座跨江大桥，武汉还开通了过江隧道，交通更加方便了。

9

江第一桥"。1957 年 10 月 15 日，武汉长江大桥正式通车，正应了"一桥飞架南北，天堑变通途"的浪漫想象。

这是一座公路、铁路两用桥，上面通汽车，下面通火车。有了这座桥，京汉铁路就可以和粤汉铁路直接连接，来往旅客和货物再也不用先过江再换车了。人们干脆抛掉京汉铁路和粤汉铁路这两个老名字，将贯通后的铁路称作京广铁路。

有了这座桥，武汉三镇的居民来往也更加方便，再也不用受江上风波之苦。

有了这座桥就够了吗？

不，随着城市建设的发展，这还远远不够呢。

武汉三镇沿长江两岸分布，如果大家都集中到这里过桥，岂不把桥挤塌了？同时也会浪费许多时间。

"躺"在江边的武汉，还需要更多的桥。

随着城市发展的步伐越来越快，一座座新桥修建起来了。

1995 年 6 月，在武汉长江大桥下游 6.8 千米处，武汉长江二桥竣工。这座桥分流了许多过江车辆。这是一座漂亮的斜拉桥，与塔式双层梁桥的构造不一样。

2000 年 9 月，位于武汉长江大桥上游 8.6 千米处的白沙洲大桥建成通车。这座桥的南岸连接 107 国道，北岸连接 318 国道，承担分流车辆的"重任"。

2001 年 12 月，军山长江大桥建成通车。紧接着，阳逻长江大桥、天兴洲长江大桥、二七长江大桥、鹦鹉洲长江大桥一座接连一座建成，武汉成为名副其实的"桥之都"。

信不信由你，早在明清时期，长江中游就出现过好几座浮桥。

据《明史纪事本末》记载，明崇祯十六年（公元 1643 年），张献忠攻占武昌后，在金口修筑了一座浮桥。

一年后，张献忠从湖南重新北上，又在岳阳三江口修造了一座浮桥。这座浮桥的桥面通过能力很强，许多兵马都曾在这里顺利渡江。

古今桥梁工程师的见解不谋而合，真了不起呀！

杭州湾上的"梦幻长桥"

上下似驼峰，弯曲如长蛇

水里谁的嘴巴大？

鹈鹕嘴巴大，一口就可以吞下好几条鱼。鳄鱼嘴巴还要大，一口吞掉一只鹈鹕，一点儿问题也没有。鲸嘴巴更大，可以把一条大鳄鱼装下。

哦，这些嘴巴都还不算大。水里真正的"大嘴巴"是杭州湾。杭州湾是钱塘江的出口，面朝着东海，就像张着的大嘴巴，别说几只鹈鹕、几条鳄鱼和鲸，就是几艘航空母舰，加上跟在它们后面的护卫舰、护卫艇，也能统统一口"吞下"。

杭州湾湾口宽达100千米，这么宽，的确很壮观。可是若想从一岸渡到另一岸，要花很多时间。加上汹涌的钱塘潮干扰，有时候根本过不去。于是人们想，如果有一座桥就好了。

是呀！这边宁波、绍兴等许多地方的人们，都眼巴巴地望着宽阔的杭州湾，希望能有一座桥，将自己的家乡与包括上海在内的长江三角洲连成

一片，带动家乡经济的发展。那边上海的市民想到宁波的天一阁、舟山的普陀山，还想到更远的天台山、雁荡山看看，要有一座桥才方便。

是啊！这里南北交通受到浪高流急的杭州湾天堑的阻隔，很不方便，要想从杭州湾的一岸到另一岸，必须绕道杭州，不仅多走许多路，也给这个美丽的湖滨城市增添了嘈杂和麻烦。

人们想呀想，盼呀盼，这个愿望终于实现了。杭州湾跨海大桥于2003年开始动工，2007年竣工，2008年5月1日正式通车啦！

杭州湾跨海大桥北起嘉兴海盐的郑家埭，南达宁波慈溪的水路湾，曾是世界上最长的跨海大桥，比连接巴林和沙特阿拉伯的法赫德国王大桥还长11千米。

它是沈阳到海口的沈海高速公路的一部分。大桥的建成，将宁波至上海之间的陆路距离缩短了120千米，也大大缓解了沪杭甬高速公路的压力，形成了以上海为中心的江、浙、沪交通圈，对促进浙江东部和南部的发展有很大的作用。

这座桥真长呀！从南到北共有36千米，仅跨越水面的桥梁部分就约32千米。

这座桥也很宽，桥面布置了双向六车道，可以让汽车畅行无阻，基本

不会堵车。

这座桥不仅很长很宽，还很有趣呢。

一般的桥都是平坦的，只有小河上、园林里才有耸得高高的拱桥。你见过和拱桥一样起起伏伏的跨海大桥吗？杭州湾跨海大桥就是这样的。

这座桥拱起一下似乎还嫌不够，接着又高高拱起一下，好像起伏的山峦，又像驼峰，横卧在宽阔的杭州湾水面上。来往汽车翻上又翻下，仿佛在钱塘潮的波峰浪尖上冲浪，给旅途中的人们增添了许多趣味。

为什么这座桥修得像驼峰一样？是不是像游乐园里过山车的轨道，为了让游客体验冒险的感觉？

不，正儿八经的公路桥，怎么能修成过山车轨道那样？这是为了方便桥下轮船经过，有意修成这样的。杭州湾有繁忙的水上交通线，如果只顾上面过汽车，不顾下面过轮船，大桥岂不成了水上障碍？所以考虑到水上交通，建桥时就留下了南北两个航道，方便轮船经过。其中北航道桥是一座主跨448米的双塔双索斜拉桥，桥下可以通过3.5万吨的大轮船；南航道桥是一座主跨318米的单塔双索斜拉桥，桥下可以通过3000吨的轮船。

一般的桥都是直的，通常花园里才有九曲桥、七曲桥。想不到杭州湾跨海大桥也是弯弯曲曲的。从空中看，"S形"的桥身好像一条游动的长蛇，蜿蜒在水波上，优美的线条生动活泼，好看极了。为什么要把这座桥修得弯弯曲曲的，只是为了美观吗？

不，因为这儿不仅是有名的钱塘潮涨落的地方，还是台风经常侵袭之处。为了保证大桥的安全，延长大桥的寿命，必须让大桥避开潮流和风暴的主要通道，所以大桥就在水上拐了好几个弯，被修成这样。

起伏的侧面形状，弯来弯去的平面形态，让这座桥更加美丽。

一般的桥只有桥梁，没有多余的东西。想不到这座桥居然还连接着水中央的一座"岛"。它不是天然岛，而是人造岛，面积达 1.2 万平方米。它原本用于海上施工，在大桥建成后被留下来作为游客休息观光的处所，也是海上交通服务的救援平台，用途可多呢。

啊，这座盖世无双的杭州湾跨海大桥，还是美的化身，充满梦幻般的色彩呀！

小知识

受钱塘潮的影响，杭州湾潮差大，水情非常复杂，而且水下有很厚的软土，加上南岸大面积的滩涂，施工很不方便。此外，杭州湾的气象条件也极其复杂，经常出现台风、龙卷风、雷暴等极端天气，给大桥的施工和建成后的交通带来许多麻烦。人们在修建这座桥时，克服了以上种种困难，实在很不容易。

贯穿南北的交通大动脉
宝成铁路

莫叹蜀道难，铁路可翻山

李白叹息说："噫吁嚱，危乎高哉！蜀道之难，难于上青天！"

李白曾经在四川生活，他说的话不会错。入蜀的道路到底有多难以通行？他告诉大家："黄鹤之飞尚不得过，猿猱欲度愁攀援。"

哎呀呀，想不到这里黄鹤飞不过，猿猴也翻不过。这里"连峰去天不盈尺，枯松倒挂倚绝壁"，难怪"使人听此凋朱颜"。

他说的"蜀道"在哪儿，为什么这么难行走？

这就是"不与秦塞通人烟"的由长安通往蜀地，穿越秦岭和大巴山的古蜀道。古时候要想进出这里，"地崩山摧壮士死，然后天梯石栈相钩连"，才有了一条难行的栈道。你说，这条路难不难走？

李白说得对，从前入蜀的道路就是这么难以通行。

四川、四川，四面都是山。密不透风的山墙，紧紧围住了中间的盆地。暖湿气流容易滞留在此，遇到山墙就抬升形成了云，笼罩在四川盆地上空，挡住了阳光，所以这里整年都是阴沉沉、雾蒙蒙。这里的阳光是那样罕见，以至于偶尔有个晴天，小狗一看见太阳都觉得很稀罕，忙不迭对着太阳汪汪叫。古人见了这个情景，就写下了"蜀犬吠日"这个成语。

人能比得上天上的云吗？

云尚且如此，人想要进出四川就更困难了。为了打通一条出四川的路，古人沿着悬崖峭壁修筑了栈道。后来，人们好不容易修通了一条川陕公路，连接北边的陕西和南边的四川。现在的蜀道比李白所处的时代好多了。

不，只是这样还不够。要想畅通无阻地进出四川，一条公路远远不能满足要求，要铺一条铁路才行。

人们怀着修建铁路的梦想，曾经有过好几次计划。

1913年，人们迫不及待地计划在南北干线平汉铁路以西，再铺设一条连接黄河中上游和长江上游的新南北干线。这条图纸上的铁路从山西大同到四川成都，暂时取名同成铁路。人们认真踏勘了许多次，可由于工程实在太浩大，根本没法动工兴建。

1936年到1948年期间，经过许多次勘测，人们又准备修建一条从甘肃天水到四川成都的天成铁路。可由于种种原因，这条铁路也没有动工。

中华人民共和国成立后，为了开发四川乃至整个大西南，铁路修建工作再也不能拖延了。相关部门仔细审查了原来的天成铁路修建计划，派出工程地质人员沿着天水至略阳、宝鸡至略阳这两条路线进一步勘测，最终选定在关中宝鸡到四川的"心脏"成都这条路线上修建铁路，并把它定名为宝成铁路。

李白说的"蜀道难"，一下子体现出来了。从北边来，宝成铁路要穿过秦岭、大巴山和剑门山三道山墙。后面两座山还好办，然而怎么过秦岭，成为第一个令人头疼的难题。

翻山有困难，就挖隧道吧。

隧道肯定要挖。可是秦岭不是一道薄薄的墙，它的整个山脉非常宽阔。人们只能挖一条条短隧道，穿过一个个小山头，没法挖通一条穿过整个山脉的大隧道。

看来人们得发动一场攻坚战。

聪明的铁路工程师想出了一个办法：当铁路离开宝鸡进山后，先沿着一条河慢慢盘旋，到最陡峭的杨家湾站附近时，再沿着三个"马蹄形"、一个"螺旋形"线路急速爬升，克服地势高度差。当人们在观音山站回头看时，会看见脚下有三层铁路重叠，上下相差817米，活像盘山公路。然后，铁路再经2300多米长的秦岭大隧道，穿过秦岭垭口，顺利到达山顶的秦岭站。接着它沿山而下，进入山那边的嘉陵江流域，很快就如履平地，到达四川广元。

宝成铁路的建成，改变了"蜀道难"的局面，为发展西南地区经济创造了重要条件。

小知识

宝成铁路全长 669 千米，是沟通西北和西南地区的第一条铁路干线。

这条铁路在 1952 年和 1954 年，分别从南段起点成都和北段起点宝鸡动工，1956 年在中间的甘肃黄沙河接轨，1958 年元旦正式通车。现在，宝成铁路已经被完全改造为电气化铁路。

穿桥梁、过隧道的成昆铁路

火车在云雾缭绕的山间轰鸣

改变历史的中国近现代科技 交通 航天 工程技术

　　熟悉中国情况的人都知道，自古西南路难行。"南方丝绸之路"虽然建得比"北方丝绸之路"早，但是在高山峻岭中盘旋，远不如"北方丝绸之路"那般畅通。

　　为什么西南路这么难行？不用说，与恶劣的地形条件有关。这里到处是高山峡谷，想通过比上天还难。李白说，翻越秦岭、大巴山的那条蜀道难以通行。殊不知这条南下道路的通行难度是蜀道的一万倍。想在成都修建一条大路直通云南，难度不亚于"上青天"，甚至可形容为"上月亮"。

　　在古代，"南方丝绸之路"不畅通倒也罢了，但在现代，为了开发大西南，没有一条像样的畅通大路可不行。

　　在开发大西南的迫切需求下，这条路非要打通不可。于是，宝成铁路刚刚通车，连接成都和昆明的成昆铁路就动工了。

　　修建这条铁路真不容易呀！这条铁路要经过许多湍急的河流和高耸的

山峦，跨过一条条活动断裂带和一个个地震危险区，还要面对一道道悬崖绝壁和一条条幽谷深沟，处处碰壁、步步履险。当时参与踏勘的外国专家看见险恶的大渡河峡谷，摇头否定："中国人要修建成昆铁路，简直疯了！"

不，中国人没有疯，而是怀着无限的激情，冷静而大无畏地看待一切困难。铁路工程师没有被吓倒，大胆抛弃传统观念，设计出许多桥梁和隧道相连的盘山线路，如"8字形""S形""螺旋形""眼镜形"等，用来解决火车"爬坡翻山"的难题。参与修建的人们没有害怕，怀着必胜的信念，终于建成了这条铁路。成昆铁路于1970年7月1日顺利通车。

这不是一条普通的铁路，而是一个充满想象力的作品。

让我们用一些数据来说明情况吧。

这条铁路从四川省省会成都到云南省省会昆明，全长约1100千米。其中长长短短的隧道和明洞共有427个，长度加起来为341千米，约占全线总长度的31%。

这还不算呢。这条铁路共有991座桥梁，长度加起来为92.7千米，约占全线总长度的8.4%。如果把所有的桥梁、隧道和明洞加在一起，长度为433.7千米，竟约占整个铁路总长度的40%！

再算一笔账。这条铁路平均约每1.1千米就有一座桥梁，约每2.6千米就有一个隧道或明洞。有些地段的桥梁和隧道完全连接在一起。火车飞驰

出隧道就过桥梁，过了桥梁又钻进漆黑的隧道。

这还不算，包括成都站和昆明站在内，这条铁路共有 124 个车站。其中有 42 个车站竟设在桥梁上或者黑漆漆的隧道里，形成世界铁路史上罕见的奇观。

啊，原来这是一条用高高的桥梁托起的铁路，是一条用长长的隧道连起来的铁路。

我们的工程技术人员、施工人员用难以想象的智慧和毅力，在这险恶的山水之间演绎了一段神奇的故事，挺起胸膛向全世界宣告：只要中国人民需要，没有什么不可能！

难道不是这样吗？我们的成昆铁路不仅是一个工程奇迹，而且充分体现出中国人民不怕困难的精神！

成昆铁路经过的山中有许多烈士陵园。这是为了纪念当年为修建这条铁路英勇牺牲的人们，由此可见当时修建这条铁路多么艰险。

小知识

　　成昆铁路沿线是汉族、彝族、藏族、白族、傣族等许多民族居住的地方，农林、矿产、水力资源非常丰富。成昆铁路通车后，带动了沿线川滇两省许多地方的发展，推动了攀枝花大型钢铁基地和二滩等大型水电站的建设。成昆铁路和贵昆铁路打开了自古以来封闭在天之外、云之南的云南的大门，是支援大西南建设的关键交通命脉。

"世界屋脊"上的幸福"金桥"

脚踏二郎山，降伏"拦路虎"

"二呀哪二郎山，高呀么高万丈。古树哪荒草遍山野，巨石满山岗。羊肠小道哪难行走，康藏交通被它挡那个被它挡。二呀哪二郎山呀，哪怕你高万丈。解放军，铁打的汉，下决心，坚如钢，要把哪公路呀，修到哪西藏……"

听，这雄浑激昂的歌声多么令人激动。这是什么歌？歌声里的二郎山在什么地方？

这首歌就是《歌唱二郎山》，歌颂的是一支英勇的筑路大军。他们要把公路从四川成都修到西藏。

二郎山主峰海拔虽然只有 3437 米，但这里的气候是个"阴阳脸儿"：阳面面对的是康北的高寒干燥气候，常年晴好；阴面面对的是川西的温暖潮湿气候，夏季雨水多，还时常夹杂着雪和冰雹。所以这座山不仅是一条地形界线，也是一条气候界线，难怪被人们称为"阴阳山"。

二郎山主峰比峨眉山主峰要高一些，耸峙在四川盆地西南边缘，自古以来就是一个"拦路虎"，隔断进出甘孜和西藏的路。古时候的茶马古道从这里经过，人们只能弯弯绕绕爬上山，一不留神就会摔下陡崖。

这里仅仅是一个起点。从这里往西边的高原和雪山前进，气候恶劣，到处冰封雪冻，人们行路十分困难。当地流传着一首歌谣："正二三，雪封山；四五六，淋得哭；七八九，稍好走；十冬腊，学狗爬。"看到这些文字，你就可以想象到进藏的路多么难走。那时候，即使一切顺利，人们也要花很长时间才能走到拉萨。这样的交通情况，怎么能够满足时代发展的需要？

不成！非修建一条进西藏的公路不可。

话虽然这样说，但要修建一条从成都到西藏的公路谈何容易，首先就得降伏二郎山这个"拦路虎"，否则怎么能够迈进被冰雪封锁的"世界屋脊"，征服一路上重重叠叠的山岭？

是啊，为了建设西藏，为了给藏族同胞送温暖，必须尽快修建这条全国人民共同盼望的公路。

打通二郎山，成为人们修建公路进西藏的关键一环。

1950 年，人们握着铁锤、钢钎，劈开悬崖绝壁，一步步前进，一尺一寸往西筑路。正像古代小说描写的那样，人们逢山开路，遇水搭桥，跨过大渡河、雅砻江、金沙江、澜沧江和怒江等急流，翻过许多冰山雪峰。筑路大军用非凡的勇气和高超的技术，终于在 1954 年修通川藏公路的北线，让一队队满载货物的汽车顺利到达了拉萨。藏族人民欢欣鼓舞，称赞这条越过雪山的大道是通往幸福的"金桥"。

小知识

川藏公路从成都起，经过雅安，翻过二郎山，到达康定后，翻过海拔 4298 米的折多山垭口，在新都桥分为南北两条线。北线全长 2412 千米，经过甘孜，进入西藏的昌都，继续向西伸展。南线全长 2149 千米（一说 2146 千米），经过雅江、理塘、巴塘，进入西藏的芒康，最后和北线在邦达会合，再经过八宿、波密、林芝，最后到达拉萨。

通往拉萨的"天路"——
青藏铁路

川藏公路建成了，但是仅仅依靠公路运输，不能完全满足西藏建设的需要。爬山的汽车运量有限，只能运送粮食和一般的日用品，用以改善藏族同胞的生活，但是不能运载重型机械。加上恶劣的高原冰雪环境，车辆行进非常困难。沿途道路时不时塌方堵车，制约了物资运输的效率，难以满足加速建设西藏的需要。要达到目的，必须再想更好的办法。

怎么办？只有修建铁路。人们比较各种条件，发现从青海铺一条铁路进西藏比较方便。

当年文成公主到吐蕃所走的唐蕃古道的一段也是从青海到西藏。她翻越日月山、渡过倒淌河，一步步走过茫茫原野，终于走到今天拉萨所在的地方。一千多年前的文成公主能够走过去，今天的铁路是不是也能沿着她的足迹，顺利到达同一个目的地呢？

乍一听，似乎很容易做到，但其实很难。虽然从青海进入西藏的道路地势比较平坦，但是号称"世界屋脊"的青藏高原，海拔高，空气稀薄，

空气中含氧量少，加上大片冻土地带的影响，施工非常困难。其中，横贯西部的昆仑山脉就是一个"拦路虎"。美国旅行家保罗·泰鲁写了一本《游历中国》，书中说："有昆仑山脉在，铁路就永远到不了拉萨。"

这位经验丰富的旅行家说的话，真的就毋庸置疑吗？

那才不见得！我们的工程技术人员想尽办法，一一克服了困难。

昆仑山脉高，就不翻山吧。遇山不翻山，只打通一条条隧道，像《封神演义》里的土行孙一样，从隧道钻过去，岂不照样可以通过？

青藏高原冻土面积广，冬天土壤冻得硬邦邦，夏天土壤表面融化翻浆，把地面弄得一团糟。那就不贴着地皮经过吧，采取"以桥代路"的方式，火车在高高的长桥上飞驰，压根儿不用接触时而冻结得坚硬如铁、时而化成稀泥浆一样的地皮。加上特殊的热棒、保温板等设施，最终，人们彻底制服了顽固的"冻土老虎"。

空气稀薄、空气中含氧量少更好办。人们为这条铁路上的火车专门设计了密封车厢。在筑路过程中，由于注重加强供氧、输氧和保健，没有一个工程人员因为高原病而死亡。

青藏铁路修通了，人们进出西藏更加方便。这条铁路被誉为"天路"。

"天路"这个词非常准确。它不仅表达了藏族同胞盼望幸福生活的心声，还形象地表现出这是铺进"世界屋脊"的高原铁路，让人有一种行进在空中的感觉。

青藏铁路越过昆仑山、五道梁、沱沱河、唐古拉山，直到拉萨，创造了许多世界之最。

它穿越海拔 4000 米以上的路段达到 965 千米（一说 960 千米），最高点唐古拉山垭口海拔达到 5072 米，是世界上海拔最高的铁路。

它穿越了大约 550 千米的多年冻土地段，是世界上穿越冻土里程最长的铁路。

它全长 1956 千米，是世界上线路最长的高原铁路。

海拔 5068 米的唐古拉站是世界上海拔最高的铁路车站。

海拔 4905 米的风火山隧道是世界上海拔最高的冻土隧道。

全长 1686 米的昆仑山隧道是世界上最长的高原冻土隧道。

全长 11.7 千米的清水河特大桥是世界上最长的高原冻土铁路桥。

海拔 4704 米的安多铺架基地是世界上海拔最高的铺架基地。

小知识

青藏铁路分两期建设。一期工程从西宁到格尔木，全长 814 千米，1984 年建成通车。二期工程从格尔木到拉萨，全长 1142 千米，2006 年 7 月通车。

位于可可西里无人区的清水河特大桥，全长 11.7 千米，是青藏铁路线上最长的"以桥代路"的桥梁。桥下有 1300 多个桥孔，可以供藏羚羊等野生动物自由迁徙。

青藏铁路的长江源特大桥全长 1389.6 米，有 42 个桥孔，跨过大约 1300 米的宽阔河床。

沙海茫茫挡不住 "希望之路"

穿越 "死亡之海" 的公路

啊，塔克拉玛干沙漠（后文简称塔克拉玛干），一望无边的大沙漠。

站在这儿放眼四处，到处黄沙滚滚，一个个土黄色的沙丘随意散布。与其说它是沙漠，还不如说它是辽阔无边的沙海更接近实际情况。

啊，塔克拉玛干，"进得去出不来"的塔克拉玛干。

面对这么大的沙漠，人们不由得世世代代深深叹息。

唉，这里哪怕骑着骆驼进去也很危险。古往今来不知多少人冒失地闯进去后，在它的怀抱里消失得无影无踪。

唉，塔克拉玛干呀塔克拉玛干，正好坐落在塔里木盆地中央，西边是帕米尔高原，东边是罗布泊洼地，北边是天山山脉，南边是昆仑山脉。你不是墙，却胜似密不透风的墙，隔断了四面八方。你啊你，难道真的不能让人穿过去吗？

没准儿有人会说，古时的丝绸之路不是穿过这里吗？唐玄奘可以经过这里到西天取经，未必今天的人就不行。

这话有些对了，也有些不对。古时骆驼队可以勉强通过沙海，而

小知识

在维吾尔语中，塔克拉玛干的意思是"进得去出不来"，因此它也被称为"死亡之海"。放眼全球，与撒哈拉沙漠相比，它没有充沛的地下水，且周边人口压力较大；与中东沙漠相比，它没法利用海水淡化技术解决部分水资源短缺的问题。

放在今天可不行。慢吞吞、一摇一晃的骆驼能够背负多少东西？横穿沙漠需要多少时间？塔克拉玛干呼唤一条崭新的大道，能迅速把建设物资运送进去。

人们这样想，就这样做。一条横贯塔克拉玛干的塔里木沙漠公路建成了，从此塔克拉玛干南北贯通，人们再也不用望着这"进得去出不来"的沙海叹息。

塔克拉玛干别神气，我们把你踩在脚下，叫你哼也不敢哼一声。

沙漠里的黄风怪还敢反扑吗？是不是妄想掀起滚滚黄沙，一口吞掉这条沙漠生命线？修建这条公路的人们早就料到这一点，在公路两边修建了许多防沙的工程设施，还利用天然胡杨林和人工种植的灌木，建起一条绿色的长廊。

石油工人说："真好啊！有了这条大道，就能加快唤醒沉睡千万年的地下宝藏的步伐了。"正如这条公路的一处彩楼两侧刻着的一副对联所写："千古梦想沙海变油海，今朝奇迹大漠变通途。"

我们骄傲地宣布，塔里木沙漠公路当时有好几个世界第一。

它是世界上在流动沙漠中修建的最长的公路。它北起 314 国道轮台县，经塔克拉玛干，南边直达民丰县，全长 522 千米，其中 446 千米修建在流动沙漠里，是名副其实的"沙漠公路"。

这么长、修建难度这么大的一条公路，人们从 1993 年 3 月动工兴建，只用短短两年半就完成了。

为了牢牢缚住公路两侧的沙丘，沙漠公路主体与绿化带采用"强基薄面"结构的施工工艺，防沙工程采用"芦苇栅栏"加"芦苇方格"等固沙技术。

这条沙漠公路对加快塔里木盆地的石油、天然气开发，促进新疆南部经济发展，起到不可估量的作用。

小知识

塔克拉玛干从东到西长约 1000 千米，从南到北宽约 400 千米，总面积达 33.76 万平方千米，是中国最大、世界第二大的流动沙漠。

非洲的坦赞铁路

患难见知己，友谊万古存

中国人对非洲的记忆，始终是美好的。在中国明朝时，从遥远的非洲来的长颈鹿，就被人们误认为是象征吉祥的麒麟。

非洲人对中国的记忆，也始终是美好的。

非洲，中国人来了。600多年前，郑和率领一支浩浩荡荡的船队，穿越印度洋，一直抵达非洲，然后越过赤道，到达非洲东海岸的麻林地（今天肯尼亚的马林迪）、慢八撒（今天肯尼亚的蒙巴萨），带去的是问候和真诚的友谊。非洲的骄阳可以作证，它曾经将中国丝绸映照出绚丽的光彩。非洲的土地可以作证，那里至今还有精美的中国瓷器出土。

非洲，中国人又来了。20世纪60年代，中国人带着友谊来到非洲，帮助非洲朋友修建一条象征中非友谊的坦赞铁路。

这条铁路东起坦桑尼亚的达累斯萨拉姆，西至赞比亚的卡皮里姆波希，在那里和赞比亚的内部铁路连接，全长约1860千米。

1860千米是什么概念？如果跟中国的京广铁路相比较，大致相当于从北京出发，行至接近广东省界的里程。

哦，不能完全这样简单类比。京广铁路经过的地方大多是平原，山岭和丘陵很少，且沿途人口众多，城镇密集，行路比较安全。坦赞铁路沿途高山起伏，峡谷深邃，河水湍急，湖沼纵横，还有一片片茂密的原始丛林和炎热无比的天气。

　　另外，这里还有野兽、毒蛇、蚊蚋。勘测和施工人员经常迎面遇见一群大狮子，时刻有生命危险。

　　啊，非洲朋友，中国人就是在这样的环境里，一步一步前进，一米一米修路，直到将铁路全部建成，移交给坦赞两国的朋友。

　　啊，非洲朋友，你们可记得，一些中国人倒在了筑路的途中，有的长眠在非洲的原野里，和非洲大地融为一体？

　　啊，非洲朋友，你们可知道，20世纪60年代的中国正在加快自身建设，勤劳节俭的中国人却毫不犹豫地向非洲伸出援手，没有皱一下眉头？

　　这种超越国界的无私援助，正是中国和非洲友谊最真挚的见证。

　　中国人对非洲的记忆，始终那么美好。非洲人对中国的记忆，也始终是美好的。

　　坦赞铁路不仅帮助坦赞两国发展经济，还具有更加深远的意义。如果它一直向南继续延伸，穿过津巴布韦和南非，就可以直达非洲南端的开普敦。开普敦是什么地方？那附近有鼎鼎有名的好望角呀！

　　坦赞铁路如同一条纽带，将中国与坦赞两国连接起来，成为中非友好的历史见证。

改变历史 的 中国近现代科技

航空·航天

我想飞，展翅冲天入云霄。

壮志报国比天高，

凌空飞起『冯如一号』，

今日雄鹰看『飞豹』。

我想飞，『嫦娥』奔月不是梦，

广寒宫里传捷报。

太空响彻东方红，

『神舟』轻轻渡银河，

直抵牛郎织女鹊桥。

中国第一位飞行家

一个小小的放牛娃，一位大大的飞行家

飞！

这是中国人的一个梦。

这个梦做了很久很久，一千年、两千年，甚至更久。

飞！

庄子有一个灿烂的鲲鹏梦；屈原也想驾青虬、骖白螭，飞到瑶池游玩；万户乘坐自制的绑有火箭的椅子想要飞上天。可惜这些只是一个个瑰丽的梦。

飞！

中国人一定要飞上天，不知有谁能够圆这个梦。

信不信由你，圆梦的竟是一个放牛娃。

哈哈！哈哈！这是真的吗？莫非是一个荒诞的童话？

这是真的！这个放牛娃叫冯如，他小时候只读过几年书，就辍学回家放牛了。他自幼喜欢制造风筝，有一个想飞上天的梦。

12岁时，冯如告别故乡，远渡重洋，到美国谋生。他在美国见到了许多先进的机器，开阔了眼界。他心里想，国家要想富强，必须依靠机器。从此，他对各种各样的机器制造着了迷。

他在美国期间，莱特兄弟发明了世界上第一架真正意义上的飞机，并试飞成功。冯如深受触动，立志从事飞机制造工作，为中国航空事业而奋斗。

他这样想，就这样干。他一边干活糊口，一边学习机械知识和技能，很快就成为一个有经验的技师。有了这样的基础，冯如就开始动手制造飞机。1909 年 9 月，距离世界上第一架真正意义上的飞机试飞成功不到 6 年时，冯如驾驶着"冯如 1 号"飞机试飞，虽然飞得不高，却围绕着一座小山飞了大约 800 米。

这就够了！

他的试飞成功震惊了美国。当地一家报社在报纸头版刊登了冯如的大幅照片，称赞他是"东方的莱特"，惊呼："在航空领域，中国人把我们抛在后面了！"

试飞成功大大鼓舞了冯如。后来，他成立了一家机器制造公司。不消说，飞机制造就是这家公司的主要方向。

在这期间，他遇到许多挫折，却没有灰心丧气，而是认真总结失败的教训，终于在 1911 年前后，又成功研制出一架新式飞机，取名"冯如 2 号"。他驾驶着这架飞机，在空中飞了很远，稳稳当当地降落下来，受到了热烈的欢呼。许多报纸争先恐后报道，当地一家报社用整版通栏大标题刊出了"他为中国龙插上了翅膀"。

接着，冯如又对飞机进行了改进，并进行了多次飞行，飞到 200 多米的高空，最高时速达 104 千米，飞机性能达到了当时的世界先进水平。

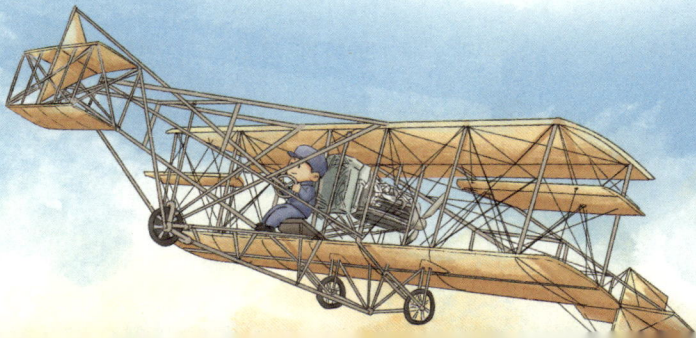

冯如身在大洋彼岸，心却在祖国。取得成功后，他毅然动身回国，誓把自己的成就贡献给祖国人民。

祖国啊，您的儿子回来了。昔日那个放牛娃，如今已经成为飞行家。他不是空手回来的，而是带着自己心爱的飞机，乘着轮船，越过辽阔的太平洋，迫不及待地投入祖国母亲的怀抱。

作为中国第一位飞行家，冯如不满足于自己独自飞上天，还在广州创办了一个飞机制造厂。

冯如怀着美好的憧憬，制造出一架架更加先进的飞机，进行一次次飞行表演，唤醒了人们的飞行梦，也实现了他的梦想。

可不幸的事情还是发生了。1912年8月25日，他在广州进行公开飞行表演，施展高超的飞行技艺，想不到飞机在急速升高的时候，突然失速坠落。躺在医院的床上，弥留之际，他还不忘勉励大家："勿因吾毙而阻其进取心，须知此为必有之阶段。"由于抢救无效，冯如去世了。

这一年，他仅仅29岁。

小知识

冯如（1883—1912），中国第一位飞机设计师、制造者和飞行家。他推动了中国航空事业的发展，不仅自己坚持飞行，还在广州燕塘创办了广东飞行器公司。

他不幸遇难后，被安葬在广州黄花岗七十二烈士墓园。孩子们，如果你们到那里，别忘记到这位伟大的飞行家的墓前，献上一束鲜花。

巨大的风洞群

人造天空气流，考验飞机模型

请问，飞机是怎么制造出来的？

嘻嘻，这还不简单吗？飞机就是机身加机翼嘛。只要先制造一个机身，再装上两只机翼就行了。

噢，这是什么飞机？准是一架玩具飞机。玩具工厂就是用这个办法，在流水线上成批制造飞机的。这样的飞机只能骗毛孩子，甭想真正飞上天，更别说载客了。

真正的飞机不是玩具，是用于航空运输的重要工具，涉及人们的生命和财产安全。制造一架真正的飞机，可不是这么简单。

人们制造飞机时，对飞机的要求是什么？不用说，首先要能够飞上天，其次必须保证安全，半点也马虎不得。随着科学技术的突飞猛进，现在人们生活中的产品不断推陈出新。飞机是"高精尖"产品，也必须不断改进，飞得更高、更快，设备更加安全、完善，乘坐更加舒服，不能仅仅满足于飞上天这个基本要求。

为了制造更好的飞机，设计师绞尽脑汁，不仅要经过仔细计算绘制出图纸，还得制造出飞机模型，进行许多专门的科学试验，最后才能真正投入生产。

最重要的飞机模型试验之一是风洞试验。

风洞是什么？听着这个名字就可以猜出，大概是一种有"风"的"洞"吧？

说对啦！就是这样的玩意儿。要制造更好的飞机，必须进行一系列试验。不能冒险把图纸上的飞机稀里糊涂地制造出来，立刻就送上天试验，而要创造一个逼真的环境，也就是风洞，先把飞机模型放进这种人工制造的有"风"的"洞"里，让它经受各种各样的模拟气流的考验，得出各种复杂的数据，才能检验出它的性能是不是符合要求。只有通过风洞试验的飞机模型，才能真正投入生产。由此可见风洞试验多么重要，它是设计制造飞机的关键环节。

风洞是产生人工气流，用以研究或评估空气或其他气体绕物体的流动规律和物体的空气动力特性的试验装置。按试验段流速，风洞分为低速、

亚声速、跨声速、超声速和高超声速风洞等。

　　崛起的中国要成为一个航空大国，必须有自己的先进风洞设备。经过科技人员的努力，我们已经在四川省绵阳市安州区的深山里，建造了巨大的风洞群。该风洞群不仅可以做飞机模型试验，还能检验导弹、宇宙飞船等的性能呢。有了它，我们就能制造出各种各样的飞机和航天器，自豪地向全世界宣布，中国也是"航空航天大国"啦！

小知识

　　风洞和飞机的发明分不开。世界上第一座风洞是1871年出现的，美国的莱特兄弟在他们成功地进行世界上第一次动力飞行之前，于1901年也建造了一座类似的简易低速风洞，为他们研制的飞机进行有关的气动力测试。1936年，清华大学也自主设计建造了中国第一座风洞。

中国第一颗人造地球卫星

"东方红，太阳升……"

"东方红，太阳升……"

听，太空里传来一阵悠扬的旋律。

这是什么声音？这么响亮，这么好听。

是呀，它很响亮，一直传播到宇宙深处。

是呀，它很好听，温暖了中国人的心。因为它表达了中国人对未来美好生活的向往和信心，怎能不令人心潮澎湃？

"东方红，太阳升……"

这是什么声音？仿佛来自云端。

不，不是云端，这是来自浩瀚太空的一支乐曲。

啊，听清楚了。这个声音是从高高的天空中的一颗飞驰的"星星"上发出来的呀！

这是什么星星，怎么从来没人见过它？星图上也没有它的踪影。

我们自豪地向全世界宣布，这不是普通的星星，这是咱们中国发射的第一颗人造地球卫星呀！

"东方红，太阳升……"

这声音响了一遍又一遍。

啊，这是火箭的故乡——中国，对太空发出的问候。

东方的雄狮已然觉醒，发出一声怒吼，震惊世界，震惊整个宇宙。

这是"东方红一号"卫星。有了"一号"，就有"二号""三号"……中国用这个悦耳的声音向全世界宣告，中国航天事业正在蓬勃发展。来自远方的这个声音可以证明，一轮红彤彤的"太阳"升起来了，照亮了东亚，照亮了世界，也照亮了宇宙。千言万语汇聚在一起，就是这美妙的乐音。

"东方红，太阳升……"

"东方红一号"卫星是我国自行研制并发射的第一颗人造地球卫星，1970 年 4 月 24 日在酒泉卫星发射中心成功发射，从此开创了中国航天史的新纪元。它的一切都是中国人自己制造的，是名副其实的国产卫星，可以打上"MADE IN CHINA"的标记。

这颗卫星质量 173 千克，是一个直径约 1 米、近似球体的多面体。它环绕地球一周需要 114 分钟。

"东方红，太阳升……"这美妙的乐音在太空中持续播放了很久，直至电池耗尽，才停止播放。

中国人行走在太空

单人行、双人行、三人行，
中国人终于走进太空

2003 年 10 月 15 日 9 时整，请记住这个时间。

这是谁的生日吗？

不是的，这比生日更加重要。这是咱们的"神舟五号"载人飞船载着中国"飞天第一人"——航天员杨利伟，在酒泉卫星发射中心升空的时间。

喂，太空，中国人真正踏入你的怀抱，向你问好。从嫦娥奔月的幻想，到明朝的万户手拿风筝、坐着自制的绑有火箭的椅子想要飞上天，中国人经历多么长的时间，做了多少飞天梦，如今终于实现了愿望。我们怎能不受到鼓舞，高兴地跳起来！

瞧呀，火箭带着飞船越飞越高，转眼就飞出了肉眼可见的范围，我们只能用仪器监测它的动向。大约 10 分钟后消息传来了，火箭和飞船已分离，"神舟五号"载人飞船准确进入了预定的轨道。

"神舟五号"载人飞船是用长征火箭发射升空的。飞船由轨道舱、返回舱、推进舱和附加段组成。

轨道舱是航天员工作和生活的空间，"神舟七号"载人飞船的轨道舱还充当了气闸舱。

返回舱是航天员返回地球的舱段，与轨道舱相连，里面有降落伞和缓冲装置等，用来帮助软着陆。

推进舱一般装备有推进系统，以及电源、环境控制和通信等系统的部分设备，还有一对太阳电池板。

当时，亿万人关注着"神舟五号"载人飞船的消息，也关心着杨利伟的健康。

放心吧，咱们的飞船一点问题也没有。航天员返回地球后非常健康，正在专心地执行祖国和人民交给他的任务呢。

飞船仅用 21 小时 23 分钟，就在太空中绕地球飞行了 14 圈。2003 年 10 月 16 日 6 时 23 分，飞船按照预定的计划，在内蒙古四子王旗着陆场准确着陆。

啊，还不到 24 小时呢，这样的飞行真了不起！人们忍不住会问，这次飞行完成了什么任务？飞船上还装载着什么东西？

这是中国的第一次载人太空飞行，当然要带上咱们的五星红旗。除此之外，还有 2008 年北京奥运会会徽会旗、联合国旗帜、人民币的票样、中国首次载人航天飞行纪念邮票、中国载人航天工程纪念封，以及来自祖国宝岛台湾的农作物种子等。不用说，每一件都具有特殊意义。

45

这次飞行除了取得许多科学实验的成果，还肩负着考察航天员在太空环境中的适应性、检验故障自动检测系统和逃逸系统性能的任务。因为这只是"万里长征第一步"，紧接着我们还要发射更多、更复杂的载人飞船，一步步走得更高、更远呢。

2005年10月12日，"神舟六号"载人飞船载着航天员费俊龙和聂海胜进入太空。它绕地球飞行了76圈，用了115小时33分钟。10月17日4时33分，它在内蒙古四子王旗着陆场安全着陆。

这一次，飞船携带的东西更多，总共有8类64种物品，包括几件特殊的纪念品，如极地考察时使用过的中国国旗、国际奥委会的五环会旗、上海世博会会旗、《解放日报"神六"纪念特刊》、书画作品《六骏图》，此外还有10幅少先队员创作的太空画作品，以及"我给神舟六号航天员写封信"征文活动中的特等奖作文等。它们都是经过精心挑选的，很有纪念意义。在飞船飞行的过程中，航天员还进行了许多科学实验。例如，飞船上搭载了一些生物菌种、植物组培苗和作物、植物、花卉种子等，用来进行太空育种实验。

2008年9月25日21时10分4秒，"神舟七号"载人飞船从酒泉卫星发射中心升空。它在太空中飞行了2天多，同样在内蒙古四子王旗着陆场着陆。

这一次，飞船上有翟志刚、刘伯明、景海鹏三名航天员。飞行过程中，翟志刚出舱活动，完成了中国人在太空中的第一次行走。

好样的，翟志刚！有了这一步，就有第二步、第三步，每一步都将走得更加稳健、从容。

好样的，咱们的"神舟号"载人飞船！从"神舟五号"到"神舟六号""神舟七号",从单人行、双人行到三人行,我国的载人航天事业不断取得进步。

截至 2024 年底,我国已成功完成"神舟十九号"载人飞船的发射任务。未来,中国载人飞船还将不断迈出更多的步伐。让我们自豪地对全世界和太空说:"你好!我们来了!"

我们的载人飞船虽然比苏联和美国的发射得晚一些,可是在只进行了 4 次不载人的飞行试验后,就成功地把人送上了太空。

"神舟号"载人飞船有神奇的"翅膀"。它进入太空后,能自动展开太阳电池板,把太阳能转化成电能。太阳电池板就像一个微型发电站,为飞船提供可靠的能源。

小知识

在"神舟五号"载人飞船升空以前,"神舟号"载人飞船还进行了 4 次不载人飞行试验:1999 年 11 月 20 日发射"神舟一号",2001 年 1 月 10 日发射"神舟二号",2002 年 3 月 25 日发射"神舟三号",2002 年 12 月 30 日发射"神舟四号"。发射地点都是酒泉卫星发射中心,着陆地点都是内蒙古四子王旗着陆场。

真实的"嫦娥"奔月

"嫦娥"奔月不是梦

啊，月亮，天空中美丽的"夜女神"，寄托着人们多少幻想。

你那里是不是有一只竖着长长耳朵的小兔子，整年不休地捣药？

那药是长生不老药吗？秦始皇想，汉武帝也眼巴巴地天天想。

你那里是不是有一棵高高的桂花树，有一个人挥起斧头不停地砍，它却不停地生长？

那人来自什么地方？为什么在你那儿？他是不是叫吴刚？

你那里是不是有一座神秘的月宫，富丽堂皇，胜过人间所有的宫殿？

啊，月亮，银白色的星球，令人充满瑰丽的想象。难怪嫦娥为了投入你的怀抱，甘愿离开英雄丈夫和自己的故乡。

改变历史的中国近现代科技　交通　航天　工程技术

嫦娥想干什么？她独吞长生不老药，最后只能和捣药的兔子、砍树的吴刚做伴。"碧海青天夜夜心"，她再也不能回故乡了，多么幽怨怅惘。

啊，月亮，嫦娥奔月的故事流传了几千年，它是真还是假？你那里是不是一个不可能到达的地方？这个故事是不是仅仅为了满足人们的好奇心和表达人们美好的愿望才编出来的？

啊，嫦娥，不要悲伤叹息，人们从来没有将你忘记。既然你不能回家，那么我们就来看你吧。

你看呀！"嫦娥一号"绕月人造卫星飞起来了，它笔直地飞向月宫，带去人间的问候。

月亮，你好！嫦娥，你好！请听《高山流水》《谁不说俺家乡好》，再听听我们雄壮的国歌和《我的中国心》。

这些才是真正的天籁之音，是中国的声音。"嫦娥一号"是中国自主研制发射的第一个绕月人造卫星。2007年10月24日18时5分，它搭乘"长征三号甲"运载火箭，从西昌卫星发射中心发射升空，传回了大量珍贵的探测数据，还给月球拍了许多照片。

请注意，这些不是普通的照片，而是最新的三维立体影像，把月球的模样拍得清清楚楚。

月球到处坑坑洼洼。那些大大小小的凹坑，标志着它曾经遭受陨石的密集轰击。

在照片上，我们平常看不见的月球背面，终于露出一个陨石坑（也叫陨星坑）。这个陨石坑有一个特别亲切的名字，叫作"万户撞击坑"。万户是"千家万户"的意思吗？不是的，这是为了纪念中国明朝一位名叫万户的人而取的名字。他被公认为是尝试利用火箭飞行的世界第一人。

咱们的"嫦娥一号"绕月人造卫星的这次飞行仅仅是为了拍摄照片，完成摄影师的任务吗？

不，它还精细观测了月球表面的基本构造和地貌单元，对月球表面陨石坑的形态、大小、分布、密度等进行了详细研究，分析了月球表面有用元素的含量，特别是有开发利用价值的钛、铁等元素，绘制了一幅元素分布图。同时，它还利用微波辐射技术，探测月壤的厚度。这些都有着重要的科学研究价值。

不用说，它在从地球飞往月球的路途中，还探明了地月之间的太空环境。月球与地球的平均距离大约为 38 万千米。地月空间不仅是地球磁场可以影响的区域，也是太阳风和宇宙线等高能粒子活动的区域，"嫦娥一号"绕月人造卫星在这里获得了与之相关的珍贵资料。

2009 年 3 月 1 日 16 时 13 分 10 秒，在精确的控制下，"嫦娥一号"绕月人造卫星准确坠落在月球东经 52.36°、南纬 1.50°的指定区域，成功完成

改变历史 的 中国近现代科技 交通 航天 工程技术

硬着陆。中国首个探月使者撞击月球表面的瞬间，散发出它生命的最后一抹绚烂光芒。

小知识

　　告诉大家一个好消息，在咱们的探月计划执行期间，探月载人飞船的制造工作也在紧锣密鼓地进行。2010 年 10 月 1 日，"嫦娥二号"绕月人造卫星发射。它完成了自身任务，获得了更清晰、更详细的月球表面影像数据和月球极区表面数据。2013 年 12 月 2 日，"嫦娥三号"月球探测器发射成功。2018 年 12 月 8 日，"嫦娥四号"月球探测器发射成功。相信在不久的将来，中国人就能真正踏上月球啦！

改变历史 的 中国近现代科技

基础科学·工程技术

昔有李善兰,
数学奠基创辉煌;
今有陈景润,
数海探珠破迷障。

方闻万吨水压重击,
又见微观电子对撞。

银河计算如飞忙,
电子技术说联想。

中国近代科学先驱李善兰

介绍乘号、除号等

喂，你知道"×""÷"">""<""（）"是什么吗？

哈哈，谁不知道？这是乘号、除号、大于号、小于号和圆括号，都属于数学符号。小学生都知道，还会有谁不认识吗？

喂，你知道这是谁介绍给大家的？

当然是数学老师呀！咱们的数学老师早在黑板上写给大家看了。

哦，不，这不是学校的老师介绍的，而是100多年前的一位数学家介绍的。在这以前，学问更大的孔子、孟子也不知道它们呢。

喂，你知道"代数""微分""积分"这些名词是谁创造的吗？

尽管西方数学中有这些词儿的外文表达方式，可是把它们用汉字创译出来的，是一个中国人。

啊，他是谁？真了不起！他小时候准是一个高才生，常得到老师的夸奖。

他叫李善兰，从小就喜欢数学。

9岁时，他被《九章算术》迷住了，整天东算算、西算算。

后来，到了1845年，他就写出《方圆阐幽》《弧矢启秘》《对数探源》3本数学著作，创立了"尖锥术"。这些成果在西方微积分进入中国以前，具有很大的意义。

不久后，他来到上海，在墨海书馆认识了英国传教士、汉学家伟烈亚力等人。李善兰和他们共同翻译了一批西方数学和物理学重要著作，打开了科学的窗户，给古老的中国吹进一股新鲜的科学风。

小知识

清朝康熙年间，一个叫梅文鼎的科学家，融会中西方文化，对天文学，特别是其中的历法很有研究。他曾经说过一句话："法有可采，何论东西；理所当明，何分新旧。"

"新仓颉"造字

钾、钠、钙、镁、锌 等

改变历史的中国近现代科技 交通 航天 工程技术

汉字是谁发明的？传说是黄帝时期的仓颉造的呀！他看到五花八门的鸟兽足迹，受到启发，就造出了第一批汉字。

咱们现在用的汉字都是他造的吗？

不，随着社会发展，汉字体系也不断演变完善。元素周期表里的钾、钠、钙、镁、锌等，就是新汉字。传说中的仓颉是什么时代的人，怎么可能知道这些化学元素？创造这些字的是另一个"新仓颉"，和他没有半点儿关系。

这个"新仓颉"是谁？他是19世纪的一位"新式"化学家，叫徐寿。他出生于江苏无锡，幼年丧父，由母亲含辛茹苦抚育成人。母亲指望他好好读书，长大成为一个有用的人。

徐寿在母亲的期望中，带着好奇心进入了一个私塾，可是沉闷的学习氛围，使他完全失去了信心。他向往的是新奇的外来"格物致知之学"。于是他和一个有共同志向的老乡华蘅芳一起前往上海。在上海，徐寿读到一本翻译版的《博物新编》，接触到了物理、化学的基础知识。徐寿感到非常好奇，就买了一些瓶瓶罐罐和旁人眼中稀奇古怪的金属器皿，带回家仔细研究并进行实验。为了验证"七色光"，他甚至把自己十分珍惜的一枚水晶图章硬磨成三棱镜，用来观察太阳光被折射出 7 种颜色的现象。

新知识把他带进科学的殿堂。从此他就一心一意埋头研究和翻译，还和别人一起创办以传授新科学知识为主的格致书院，努力培养新式人才。

许多化学元素在古老的汉字体系中找不到对应的字，影响知识的普及和研究，徐寿就采用把西文元素名称的第一音节或第二音节以一个汉字翻译出来的方法，创造了一些新的汉字来表示这些术语。这么看来，难道他不能算是"新仓颉"吗？

中国最早的轮船是谁设计制造的？其中也有徐寿的贡献。

当时，懂得"格物致知之学"的徐寿和华蘅芳等人在极其困难的条件下，制造出了中国人自己设计的第一艘轮船。这艘轮船取名为"黄鹄号"。

现在我们说起化学和轮船，不能忘记这位先行者。他出生于 1818 年，

逝世于 1884 年，大半辈子都在为研究和普及现代科学，特别是化学而奋斗，是名副其实的中国近代化学的奠基人。

小知识

中国第一艘轮船"黄鹄号"除了一些钢材是进口的，其余部分全部是我国自己制造的。这艘轮船长约 18.3 米，载重 25 吨，在长江试航顺流时速大约 14 千米。这在当时已经很了不起啦。

改变历史的中国近现代科技 交通 航天 工程技术

中国化学家侯德榜

他克服种种阻挠回国，
一生奉献给祖国化工事业

他是中国工业化学家侯德榜。1921年，刚在美国获得博士学位的他，受到爱国实业家范旭东的邀请，离美回国，负责中国第一个纯碱厂——永利碱厂的技术工作。1937年底，侯德榜带领技术人员被迫西迁四川。

唉，那时候真困难啊！原盐的价格很高，用传统的索尔维法制碱成本太高，几乎没法维持生产，必须改变制碱方法。侯德榜和技术人员一起发愤研究，经过艰苦努力，终于发明了一种独具特色的新制碱工艺，取名为"联合制碱法"（也叫"侯氏制碱法"）。

古时候，人们从草木灰和含盐的湖水里提取碱，但往往纯度很低。18世纪末，法国工业化学家吕布兰发明了一种纯碱制造法，使得纯碱能从工厂制造出来。但是这种方法有许多缺陷，需要进一步改进。1861年，一个叫索尔维的比利时化学家，创造了以原盐、石灰石、氨为主要原料的"氨碱法"，又叫"索尔维法"。

为了发展中国的化工业，侯德榜决心攻克这一技术难题。经过一次次试验，他终于破解了索尔维法的秘密。随后，他又进一步改进，最后发明了著名的联合制碱法，开创了制碱工业的新纪元。

因此，侯德榜名扬四海，曾被印度聘请。1949年，他克服种种阻挠回国，为恢复和发展中国的化学工业贡献力量。为了满足我国农业生产的需要，他又和技术人员一起设计碳化法生产碳酸氢铵的新工艺，推动小化肥工业的发展，为农业生产作出了新的贡献。

小知识

碱是什么东西，有什么用处？没准儿你会说，可以用来做馒头，使馒头发酵呀。

这话说得不错，馒头发酵离不了它。可是它的用途还有很多呢，制造肥皂、玻璃、纸张少不了它，甚至纺纱织布和炼钢炼铁也需要它。纯碱正儿八经的科学名字叫碳酸钠，是化学工业领域的一种重要原料。

改变历史 的 中国近现代科技 交通 航天 工程技术

证明哥德巴赫猜想

数学皇冠上的明珠，引得人们如痴如狂

哥德巴赫是谁？他有什么猜想？

他原本是18世纪德国的一个中学教师，也是一个痴狂的数学迷。有一次，他有些问题弄不懂，就写信向当时的数学大师欧拉请教。

他在信里提出了两个猜想。第一个猜想是每个大于2的偶数都是两个素数之和，第二个猜想是每个大于5的奇数都是三个素数之和。

欧拉想了又想，临死也没能证明这些猜想。于是，哥德巴赫猜想就流传下来，一直流传了200多年。由于哥德巴赫猜想太过深奥难解，所以被人们称为"数学皇冠上的明珠"。

哥德巴赫不知道怎么证明没有关系，欧拉想不出来也没有关系，总有人接着想呀。想不到这个连数学大师也解不出的难题，竟引起许许多多数学爱好者的兴趣。他们都富有挑战精神，都想开动脑筋试一试能否破解这个谜。

一个世纪过去了，谁也不能证明它，谁也没法摘取这颗明珠。哥德巴赫猜想依旧是一个难解的谜。20世纪以来许多数学家取得了突破。

20世纪20年代左右，一个挪威数学家证明了每个充分大的偶数都可

小知识

素数又叫质数。它是一个大于1的整数，且除了1和它自身，没法被其他正整数整除。

61

以写成两个数之和，并且这两个数每个都是不超过 9 个素因数的乘积（简称"9+9"）。这个思路很好，为后来的研究者开辟了道路，激起了数学家和数学爱好者的信心，他们开始向最后的答案发起冲刺。中国数学家王元和潘承洞分别在 1957 年和 1962 年得出近似的答案，一步步接近最后的结果。

1966 年，陈景润发表了一篇著名的论文，题目是《大偶数表为一个素数及一个不超过二个素数的乘积之和》（简称"1+2"）。

哦，这实在太深奥了。说上老半天，咱们也没法弄明白。

不明白就不明白吧。要是一说就清楚了，又何来"深奥难解"之说？咱们只需要记住结果就行了。

陈景润的发现一下子就轰动了全世界，他的这一成就被认为是哥德巴赫猜想研究史上的里程碑，他被称为哥德巴赫猜想第一人。他和王元、潘承洞一起获得了国家自然科学奖一等奖。一个外国科学家称赞他："陈景润的每一项工作，都好像是在喜马拉雅山山巅上行走。"

陈景润的名字传遍四方，纪念他的邮票发行了，天空中的一颗小行星也被命名为"陈景润星"。

起初，陈景润在北京一所中学当老师的时候，因为不善言辞，无法适应中学教学工作。后来，他被调到厦门大学数学系资料室工作，这样他就可以静下心来研究自己喜欢的数学了。他的研究成果得到重视后，他立刻被请到中国科学院数学研究所这个适合他发挥才能的地方专门研究数学，最后一鸣惊人，在证明哥德巴赫猜想上取得了突破。

可惜呀，实在太可惜！最后，他因病去世了。

"两弹元勋"邓稼先

"红云冲天照九霄，千钧核力动地摇。
二十年来勇攀后，二代轻舟已过桥。"

1964年10月16日15时，随着一声巨响，我国西部的新疆罗布泊荒漠上空，冒起一个巨大的火球，很快又腾起一朵蘑菇云，翻滚着升上高空。

瞧着这朵蘑菇云，人们不由得高兴地跳了起来，发出热情的欢呼。

这儿发生了什么事情？

这是中国的第一颗原子弹爆炸成功了呀！

1967年6月17日8时20分，也是在新疆罗布泊，一架飞机飞过，投下了一颗特殊的炸弹，很快这里也冒起了火球，腾起了蘑菇云。

这是中国第一颗氢弹爆炸成功。

原子弹和氢弹都是可怕的核武器，可是我们不得不制造它。

是啊，中国从来都是崇尚和平的国家，流传着"从古知兵非好战"的观念。

为了制造我们自己的原子弹，国家组建了一支科学家队伍，埋头进行研制工作。这支队伍里有一个中年人，他叫邓稼先，是其中一位佼佼者。

其实，早在1958年，邓稼先就被秘密调进这支队伍，领导核武器的理论设计工作。为了保守这个最高级别的国家机密，他隐姓埋名近30年。

他，是勤奋的教员。

他亲自讲课，辅导一帮年轻人，办起了"原子理论扫盲班"。

他，是天才的设计师。

中国的第一颗原子弹和氢弹，就是他带领大家设计、制造出来的。

他，是勇敢的实践者。

每一次试验，他都站在最前列。有一次试验的时候，由于降落伞破裂，原子弹从高空坠落。为了避免可怕的事故，他竟冒着生命危险抢先冲上去，抱着原子弹碎片仔细观察，因而受到了致命的核辐射伤害。

他，是无私的战士。

他将一生完全奉献给祖国和人民，从来没有索取过丝毫回报。直到躺在病榻上再也不能起来，他还和别人联合写了一份发展核武器的建议书，献出自己最后的赤诚之心。

人们说，他是"两弹元勋"，真是一点儿也不错。

小知识

　　邓稼先（1924—1986），中国核武器理论研究工作的开拓者与奠基人之一。他诞生在祖国危难之秋，从小就以天下兴亡为己任。他舍弃繁华的都市生活，心甘情愿在荒漠深处参与原子弹和氢弹的研制工作。他的喜悦，就是人们共同的喜悦。1984年，地下核试验取得了第二代核武器突破性成功。邓稼先写下"红云冲天照九霄，千钧核力动地摇。二十年来勇攀后，二代轻舟已过桥"的诗句，充分表达了他的喜悦之情。

万吨水压机诞生记

砰、砰、砰……

你听，这是什么声音？这好像一个重锤用力击打的声响，那么响亮，那么沉重，似乎一下下击打在人们的心上。

砰、砰、砰……

一下下重重地锤击着，地面也经受不起，猛地抖了几抖。不明白情况的人，还会以为发生地震了呢。

砰、砰、砰……

再仔细听一听，这不是在击打泥土或者别的柔软的东西而发出的声音。侧着耳朵仔细听，这仿佛是敲打金属的声音。

砰、砰、砰……

哦，完全听出来了，这是打铁的声音呀！

听着这个声音，人们不禁会问："是不是有一个大力气的铁匠，挥着一个大铁锤在打铁？"

这话有些对，又不完全正确。这的确是在打铁，却不是有着血肉之躯的铁匠在打铁。别说一般的铁匠，就算把打虎好汉武松、倒拔垂杨柳的鲁智深、力拔山兮气盖世的楚霸王项羽统统请来，也抡不动这么沉重的大铁锤，更击打不出如此响亮的声响。

砰、砰、砰……

到底是谁在打铁呀?

人们好奇地跑过去一看,一下子惊呆了,简直不敢相信自己的眼睛。

啊,想不到是一个小山一样的"钢铁巨人"。这样一台庞大的机器,用力击打着钢铁,才发出如此响亮、沉重的声音。

砰、砰、砰……

这是我们自己制造的万吨水压机所发出的巨大声响。这声音真美妙!

多大的水压机才算得上大型?起码要达到万吨级。

哦,明白了,一个国家有没有万吨水压机,能反映出这个国家工业水平的高低。

为什么这样说?因为它可以"打铁"似的加工各种各样的机器部件,制造出工业发展所需要的机器。

它不仅可以"打铁"似的进行锻造加工,还能承担挤压、拉伸、起重、打包等需要巨大压力的任务,例如制造大型轧钢机的机架、大型发电机的转子轴、万吨轮船发动机的主轴,以及炮管、导弹外壳等特大型的

机件。

中华人民共和国刚刚成立的时候，工业水平还较低。我们急需很多东西，却因为没有万吨水压机而无法制造。那时候，全世界只有极少数国家拥有万吨水压机。

我们也必须造出自己的万吨水压机。一个工厂的力量不够，就联合几十个工厂一起研究。没有制造这种巨型设备的经验和技术，就用"蚂蚁啃骨头"的办法。在上海江南造船厂的带领下，许多工厂共同配合攻关研究，终于在 1961 年底，我们自己的万吨水压机开始总装。它的主机有六七层楼高，基础还深入地下 40 米，是名副其实的"钢铁巨人"。

激光照排系统

这不是古老的"火""铅"，
而是新颖的"光""电"

请问，从前的书和报纸是怎么印出来的？

首先得有铅字呀！工人先用火熔化铅，再将其铸成一个个铅字，排好版就可以印刷了。

哦，这就是古代活字印刷流传下来的老办法呀！这种办法人们用了上千年。

活字印刷术是咱们老祖宗的四大发明之一。

宋仁宗庆历年间，平民发明家毕昇针对雕版印刷的缺点，反复进行试验，发明了胶泥活字印刷术。

事物总是不停发展的，历史总是不断前进的，时代要求我们不停进步。

汉字实在太复杂了。印刷车间里的排字架上堆着满满的铅字，不仅占地方，挑拣起来也很费时间。从前咱们的活字印刷术流传到西方，外国人学习了许多个世纪。后来进入了电子时代，他们开始研究照相排字方式。随着计算机的出现，计算机排版技术也很快出现，把印刷技术推向一个新时代。

与此同时，我们国家也开始研究新的印刷技术，但想要实现却很困难。其中一个根本问题在于咱们的汉字太复杂，相较于拼音文字，处理起来难度更大。汉字本身就是技术改进道路上的"拦路虎"。

别着急，"拦路虎"虽然很可怕，可还有"打虎的武松"呀！

69

1979 年 7 月 27 日，"打虎的武松"亮相了，想不到不是好汉武松那样的赳赳武夫，而是一群文绉绉的书生，为首的是青年科学家王选。地点不是"三碗不过冈"的景阳冈，而是古色古香的北京大学校园。距离未名湖不远的一处浓密的树荫下，青青的草地上并排耸立着两座四四方方的古式楼阁，一座是南阁，一座是北阁。北阁是当时数学力学系所在的地方，就是这次"打虎战役"的大本营。

王选和他的伙伴们虽然没有武松那样的"伏虎力"，却另有一套高超的"擒虎术"。他们都是电子技术专家，很快就掌握了攻关的技术。他们于 1974 年 8 月着手，1975 年 5 月开始研制激光照排系统，到了 1979 年 7 月 27 日，终于降伏这个"拦路虎"。

青年科学家们用自己研制的激光照排系统，印出一张有不同大小的字体、版面布局复杂的 8 开报纸样张，报头上写着"汉字信息处理"6 个大字。

啊，这是首次用激光照排系统印出的中文报纸呀！这"第一张"报纸出现在人们面前，使复杂的汉字永远告别了铅字印刷，开创了中国印刷技术的新纪元，使整个印刷界看得目瞪口呆。

王选团队发明的是"华光"激光照排系统。随着研究工作的不断深入，系统一天天完善。现在有的报社和出版社在使用这种激光照排系统，印刷业从陈旧的"铅字"时代进入"光电"时代，这是我国印刷业的一大革命。

小知识

为了更好地应用汉字，我们的科学家还发明了"汉卡"和"汉王笔"，在计算机上使用更加方便。

计算速度飞快的银河计算机

每秒计算一亿次以上，快得"吓死"你

计算机真好玩，使用它，人们既能与看不见的棋手下棋，还能看电影、玩游戏。

计算机真有用，使用它，人们既能给远方的朋友发电子邮件，还能学习、绘图、做科学研究。

计算机发展得很快，一直在不停地更新，仿佛一眨眼的时间就更新了好几代。新型计算机不停出现，看得人眼花缭乱，人们往往难掩"喜新厌旧"的心情。

一个"小妖精"会在人们心里悄悄说："换新的！换新的！加快赶上时代的潮流。一台最新式的计算机放在自己的桌子上，多酷呀！"

听了这个"小妖精"的话，有些人的脑袋就会发晕，恨不得马上更换计算机，别的话听也不愿意听。

还有一个"小妖精"提醒说："脑袋别发晕。用什么计算机要根据用途决定，还得考虑自己的钱包是不是支撑得起。别说一分钟、一天换一台，就是一年换一台也不现实呀！"

计算机发展得真快。20 世纪 80 年代，一个好消息传来，我们的科学家制造出每秒计算一亿次以上的新型计算机。

这是什么计算机？

这是银河计算机呀！

啊，听到这个计算机的名字我就被迷住了。银河里的星星数不清，这款计算机的计算能力必定也说不完。

　　每秒计算一亿次以上是什么概念？人们的脑瓜可能压根儿不能想象，使劲一想，或许就会把脑袋想晕了，好像也被卷进这台计算机中飞速计算着。计算机迷听着干着急，巴不得自己立刻有一台这样的计算机。

　　第一个"小妖精"使劲鼓动："对呀！对呀！有一台银河计算机才美呀！"

　　第二个"小妖精"假装答应："好吧，我这就把它搬来，看你的桌子上是不是可以放下。"

　　这台银河计算机有多大？桌子上怎么可能放不下？

　　计算机迷有些迷糊了，问这个"小妖精"："电子产品越来越精巧，

越来越小。它怎么会越来越大，大得桌子上也放不下？"

第二个"小妖精"不慌不忙地告诉他："银河计算机要用一个屋子放，小小的桌子上根本放不下。"

计算机迷越来越迷糊了："为什么桌子上放不下这台计算机？难道它是给巨人用的不成？"

第二个"小妖精"这才说："这根本不是家用计算机，它是用来进行科学研究的。再说，一般人用这种每秒计算一亿次以上的计算机干什么？岂不是大炮打蚊子，大材小用吗？"

银河计算机是供国防事业和科学研究用的，根本不是家庭和一般办公室使用的计算机。它的个儿大极了，需要一个特别宽敞的机房才能放下。它可不是一般计算机的模样，而是一台由 7 个机柜组成的圆柱形机器。

在飞速发展的电子时代，这台计算机的出现填补了我国巨型机的空白，标志着我国计算机技术进入了新的阶段。

神秘的正负电子对撞机

撞呀撞，撞出物质的奥秘

请注意，对撞马上就要开始啦！两个飞速运动的物体对撞，准会撞出耀眼的火花。

啊，是什么东西对撞？是不是高速公路上的汽车？会不会造成车毁人亡的交通事故？

不，不是汽车。即便汽车以最快的速度对撞，也压根儿达不到这两个飞速运动的物体对撞的速度。

哇，那是什么速度？简直比机枪的射速还快。

以这样的速度对撞，力量大得难以想象。

哦，这太危险了，得赶快阻止这样疯狂的对撞。

别着急，这是人们有意安排的。如果两个物体真的对撞成功，被撞得粉身碎骨，还得摆庆功宴，好好庆祝一番呢。

咦，这是怎么一回事？莫非人们都发疯了？

不，这是聪明人干的。原来这根本不是什么汽车或别的交通工具对撞，而是小得根本不能用肉眼看见的正负电子在微观世界里的一次次对撞。为了实现这种对撞，人们专门制造了一种先进的正负电子对撞机。所有的对撞活动都在这个机器里进行，绝对不会影响交通，更不会造成恶性伤亡事故。

唉，人们放着许多正经事不做，让正负电子对撞干什么？是不是斗牛、斗狗、斗蟋蟀都看厌了，于是挖空心思来进行一场神秘的微观世界大对撞，寻找新的乐趣？

不，这不是无聊的活动，是在做科学试验呢。这样快速的对撞把小得不得了的电子也撞碎，人们才能看清楚它的内部构造，研究神秘的微观世界呀！

人们为什么这样做？

为了进一步认识陌生的微观世界。要知道，物体都是由细微得不能再细微的粒子组成的。我们已经进入原子时代和电子时代，可是对原子和电子的认识还非常有限。除了已知的电子、质子、中子等粒子，还有没有别的未知粒子，它们的内部构造怎么样，有什么特殊性质，都需要一一探查明白。没准儿一个看似微不足道的粒子，就是一个小小的"大宇宙"呢。

不知道未知粒子的内部构造怎么办？开动脑筋想办法呀！

虽然人类掌握了许多武器，但是要对付这些小得不能再小的粒子，飞机、大炮也没有用。如果用大炮轰粒子，有力气也用不上，比大炮打蚊子还可笑。聪明的科学家想了又想，想出了正负电子对撞机。干脆让正负电子高速对撞得了。只要它们被撞碎了，科学家或许就可以观察到许许多多前所未见的物质和现象了，所以对撞次数越多、力量越大越好。

你知道吗？ 2003 年，在抗击"非典"的战役中，我们的科学家就是利用正负电子对撞机上的同步辐射装置，弄清楚了 SARS 病毒里一个很关键的主蛋白酶的结构，并制出了抑制剂。

1988 年 10 月，北京正负电子对撞机首次对撞成功。当时新华社的报道是这样评价此项成果的："这是中国继原子弹、氢弹爆炸成功，人造卫星上天之后，在高科技领域又一重大突破性成就……为中国粒子物理和同步辐射应用研究开辟了广阔的前景。"

欢呼吧！一个崭新的微观世界，随着正负电子的飞快对撞，正逐渐呈现在我们的眼前。

小知识

什么是粒子？粒子泛指比原子核小的物质单元，比如电子、质子和中子，这些粒子是原子的基本组成部分。不用说，它们比原子还小。后来，这样的粒子被发现得越来越多。随着人们对微观世界的认识一步步深入，人们发现各种各样的粒子有各种各样的性质。弄清楚它们的性质，对物质结构的研究和开发利用具有重要意义。

图书在版编目（CIP）数据

改变历史的中国近现代科技. 交通　航天　工程技术 /
刘兴诗著；野作插画 绘. -- 北京 : 人民邮电出版社,
2025. -- ISBN 978-7-115-65922-4

I. N092-49

中国国家版本馆 CIP 数据核字第 20255SH585 号

◆　著　　　刘兴诗
　　绘　　　野作插画
　　责任编辑　谢晓芳
　　责任印制　陈　犇
◆　人民邮电出版社出版发行　　北京市丰台区成寿寺路 11 号
　　邮编　100164　　电子邮件　315@ptpress.com.cn
　　网址　https://www.ptpress.com.cn
　　优奇仕印刷河北有限公司印刷
◆　开本：700×1000　　1/16
　　印张：5　　　　　　　　　2025 年 9 月第 1 版
　　字数：52 千字　　　　　　2025 年 9 月河北第 1 次印刷

定价：29.80 元

读者服务热线：(010)81055410　印装质量热线：(010)81055316
反盗版热线：(010)81055315